Sachintha Manoj
Hashani Warnapura
Prasad Erandika

Método de bio-sorção para remover chumbo de águas residuais

Sachintha Manoj
Hashani Warnapura
Prasad Erandika

Método de bio-sorção para remover chumbo de águas residuais

Artocarpus heterophyllus quimicamente modificado como bio-sorvente

ScienciaScripts

Imprint
Any brand names and product names mentioned in this book are subject to trademark, brand or patent protection and are trademarks or registered trademarks of their respective holders. The use of brand names, product names, common names, trade names, product descriptions etc. even without a particular marking in this work is in no way to be construed to mean that such names may be regarded as unrestricted in respect of trademark and brand protection legislation and could thus be used by anyone.

Cover image: www.ingimage.com

This book is a translation from the original published under ISBN 978-3-659-91985-5.

Publisher:
Sciencia Scripts
is a trademark of
Dodo Books Indian Ocean Ltd. and OmniScriptum S.R.L publishing group

120 High Road, East Finchley, London, N2 9ED, United Kingdom
Str. Armeneasca 28/1, office 1, Chisinau MD-2012, Republic of Moldova, Europe
Printed at: see last page
ISBN: 978-620-7-89419-2

AGRADECIMENTOS

Para realizar o nosso projeto de investigação, tivemos de obter ajuda e orientações de algumas pessoas respeitadas. Jagath Premachandra, Professor Catedrático da Universidade de Moratuwa, por nos ter dado uma orientação abrangente para este projeto de investigação através de numerosas consultas.

Além disso, gostaríamos de agradecer ao Dr. P.G. Rathnasiri, que nos introduziu na metodologia de trabalho e que nos deu orientações claras e pormenorizadas sobre a forma de concluir o projeto de investigação com rigor.

Em especial, gostaria de agradecer ao presidente e a todos os membros do pessoal da autoridade de desenvolvimento dos cocos, que disponibilizaram as suas instalações laboratoriais para que o nosso projeto de investigação fosse concluído com êxito.

Por último, gostaríamos de agradecer aos nossos pais e colegas de turma, que nos inspiraram a concluir esta tarefa. Agradecemos a todas as pessoas pela sua ajuda direta e indireta para a realização do nosso trabalho.

RESUMO

Os metais pesados são os materiais que podem causar um impacto grave nos organismos vivos e no ambiente. Após a revolução industrial, este tópico tornou-se o mais popular devido às más consequências dos metais pesados. A remoção de metais pesados das águas residuais é uma parte essencial do processo de purificação de águas residuais, porque as águas residuais industriais contêm uma certa quantidade de águas residuais. As águas residuais contaminadas com metais pesados alteram a alimentação dos seres humanos e causam efeitos graves, como cancros e doenças renais. A remoção destes metais pesados deve ser uma função exigente na engenharia das águas residuais.

Existem muitos métodos para remover metais pesados das águas residuais utilizadas na indústria. São eles a permuta iónica, os métodos de filtração, a osmose inversa e os métodos de adsorção. A adsorção é um método que envolve um processo de geração de lamas com baixo consumo de energia e baixo teor químico. Por conseguinte, foram efectuadas muitas investigações para remover metais pesados utilizando métodos de adsorção.

O chumbo é um dos metais pesados mais nocivos contidos nas águas residuais e muitas indústrias trabalham com chumbo. Tendo em conta estes factores, optámos por remover o chumbo das águas residuais sintéticas preparadas com nitrato de chumbo.

A seleção do material adsorvente foi a decisão seguinte que constituiu um desafio para esta investigação. A utilização de bio-sorventes, tais como materiais vegetais, é a tendência atual para a remoção de metais pesados. O bio-sorvente selecionado foram as folhas de jaca. O processo de seleção do bio-sorvente baseou-se nos constituintes da planta, na baixa taxa de degradação e na disponibilidade local.

O estudo foi realizado para encontrar as condições óptimas para a remoção de chumbo das águas residuais utilizando folhas de jaqueira. Foram utilizados biossorventes modificados e não modificados para determinar qual a condição que permite uma maior capacidade de remoção do metal. Outros parâmetros que foram considerados são o pH da água residual, a concentração inicial da água residual, o tempo de contacto e a dosagem do adsorvente.

As experiências foram conduzidas alterando os parâmetros acima mencionados e as condições do bio-sorvente (modificado ou não modificado) para otimizar o processo de remoção do chumbo. A modificação foi efectuada utilizando ácido acético para aumentar a porosidade e melhorar a qualidade da água tratada.

As séries de amostras preparadas foram analisadas utilizando o espetrómetro de absorção atómica para determinar a quantidade exacta de chumbo adsorvido.

ÍNDICE DE CONTEÚDOS:

ABREVIATURAS

U.S EPA	U.S Environmental protection Agency
ICPES	Inductively Coupled Plasma Emission Spectroscopy
MCL	Maximum Contaminant Level
AC	Activated Carbon
CSC	coconut shell charcoal
AAS	Atomic Absorption Spectrometer
TARH	Tartaric Acid Modified Rice Husk

CAPÍTULO 1

1.0 NTRODUÇÃO

Qualquer elemento metálico que tenha uma densidade relativamente elevada (6g/cm ou mais) é designado por metal pesado e estes são constituintes naturais da crosta terrestre. Os ciclos geoquímicos e o equilíbrio bioquímico dos metais pesados são drasticamente alterados devido às actividades humanas indiscriminadas. Como resultado, entram nos organismos vivos através dos alimentos, da água potável e do ar. Estes metais pesados podem causar vários problemas nos organismos vivos e no ambiente (Reena Singh, Neetu Gautam, Anurag Mishra e Rajiv Gupta, 2011)

O chumbo (Pb), o mercúrio (Hg), o cádmio (Cd), o arsénio (As), o crómio (Cr) e o tálio (Tl) são alguns exemplos de metais pesados. A maioria dos metais pesados é libertada para o ambiente a partir de efluentes industriais, agrícolas, farmacêuticos e domésticos. A Tabela 1.1 contém algumas actividades humanas do dia de hoje que podem libertar metais pesados para o ambiente (Daniel, 2014)

Quadro 1-1 Fontes de metais pesados

Heavy metal	Sources of heavy metals
Lead	Paint, pesticide, smoking, automobile emission, mining, burning of coal
Mercury	Pesticides, batteries, from paper industry
Cadmium	Welding, electroplating, pesticide fertilizer, Cd and Ni batteries, from nuclear fission plant
Arsenic	Pesticides, fungicides, metal smelters
Manganese	Welding, fuel addition, from ferromanganese production
Chromium	From mines and mineral sources
Copper	Mining, pesticide production, chemical industry, metal piping

Os metais pesados provocam efeitos graves na saúde, como a redução do crescimento e do desenvolvimento, cancro, lesões nos órgãos, lesões no sistema nervoso e morte.

Nessa altura, o ser humano enfrenta doenças das articulações (artrite reumatoide) e doenças dos rins, do sistema circulatório, do sistema nervoso e danos no cérebro do feto. As crianças consomem mais alimentos para o seu peso corporal do que os adultos e recebem doses mais elevadas de metais dos alimentos do que os adultos. (Barakat, 2011)

A Tabela 1.2 consiste na publicação detalhada pela USEPA como as normas MCL para apresentar os limites máximos permitidos sobre os tipos e a concentração de metais pesados presentes nas águas residuais descarregadas e as suas toxicidades.

Quadro 1-2 Efeitos na saúde dos metais pesados e MCL

Heavy metal	Toxicities	MCL (mg/L)
Arsenic	Skin manifestations, visceral cancers, vascular disease	0.050
Cadmium	Kidney damage, renal disorder, human carcinogen	0.01
Chromium	Headache, diarrhea, nausea, vomiting, carcinogenic	0.05
Copper	Liver damage, Wilson disease, insomnia	0.25
Nickel	Dermatitis, nausea, chronic asthma, coughing, human carcinogen	0.20
Zinc	Depression, lethargy, neurological signs and increased thirst	0.80
Lead	Damage the fetal brain, diseases of the kidneys, circulatory system, and nervous system	0.006
Mercury	Rheumatoid arthritis, and diseases of the kidneys, circulatory system, and nervous system	0.00003

1.1 Métodos de remoção de metais pesados

Os metais pesados provocam muitas doenças nos organismos vivos e no ambiente. Estas consequências negativas aumentaram rapidamente com a industrialização. As instalações de fabrico em grande escala geram grandes quantidades de águas residuais contaminadas com metais pesados. As indústrias químicas são as maiores geradoras de águas residuais quando comparadas com outras indústrias. Por conseguinte, a remoção de metais pesados das águas residuais tornou-se uma parte essencial do processo de tratamento de águas residuais.

Investigações anteriores descobriram alguns métodos de remoção de metais pesados de águas residuais, que são a permuta iónica, a coagulação, a bio-sorção, a biorremediação, os métodos de filtração e a precipitação. Alguns dos métodos convencionais não são viáveis para todas as aplicações de águas residuais.

Troca de iões

A troca de iões entre dois electrólitos ou entre uma solução electrolítica e um complexo é designada por troca iónica. A troca de iões é utilizada nos processos de purificação, separação e descontaminação de soluções aquosas e de outras soluções contendo iões com polímeros ou minerais sólidos.

Coagulação

Na coagulação, adicionar e misturar rapidamente um produto químico (para distribuir uniformemente o produto químico pela água), como o alúmen, produz cargas positivas para neutralizar as cargas negativas das partículas. Assim, as partículas aderem umas às outras e formam partículas maiores que são removidas mais facilmente. As partículas maiores são removidas por sedimentação seguida de filtração. As partículas pequenas não são removidas eficazmente por sedimentação.

Bio-sorção

A bio-sorção é uma propriedade de certos tipos de biomassa microbiana inativa e morta. Liga e concentra metais pesados em soluções aquosas.

Bioremediação

A biorremediação é utilizada como uma técnica de gestão de resíduos. Neste método, utilizam-se organismos para remover ou neutralizar os poluentes das soluções poluídas. Trata-se de um tratamento em que os organismos decompõem naturalmente as substâncias perigosas em substâncias menos tóxicas ou não tóxicas.

Métodos de filtragem

Qualquer operação mecânica, física ou biológica que separe os sólidos dos fluidos através da adição de um meio e permita apenas a passagem do fluido é designada por filtração. A filtragem a quente, a filtragem a frio e a filtragem por vácuo são muitos métodos diferentes de filtragem. Os métodos de filtração adequados dependem das características da mistura e do material do leito filtrante.

Precipitação

A precipitação é a produção da condensação do vapor de água atmosférico que cai sob a ação da gravidade. O chuvisco, a chuva, o granizo, a neve e o granizo são as principais formas de precipitação. Uma parte do ar fica saturada de vapor de água e a água condensa-se e precipita-se. O arrefecimento do ar ou a adição de vapor de água ao ar leva a que o ar fique saturado. Entre estes métodos disponíveis, a adsorção é um método altamente económico e eficaz para a remoção de metais pesados de águas residuais (Demirbas, 2008).

1.2 Remoção de metais pesados através do método de adsorção

A adsorção é a adesão de átomos, iões ou moléculas de um gás, líquido ou sólido dissolvido a uma superfície. Os sólidos que são utilizados para adsorver esse ferro ou moléculas são designados por adsorventes. Os materiais adsorventes podem ser classificados como resíduos agrícolas, materiais naturais e resíduos industriais. Seguem-se alguns exemplos dos materiais adsorventes acima referidos.

i. Resíduos agrícolas

Casca de arroz (K.K. Wong, 2003)

Carvão ativado (Shafeeq, 2012)

Palha de arroz (Brahmaiah, 2015)

Casca de melão (Daniel, 2014)

Espigas de milho (Goswami, 2016)

Cascas de avelã (Imamoglu, 2007)

ii. Resíduos naturais

Folhas de Myrtuscommunis (Dhababl, 2012)

Folhas da planta Ocimum sanctum (Adaikalam, 2015)

Zeólito clinoptilolito (Imamoglu, 2007)

iii. Resíduos industriais

Cinzas volantes (Hegazi, 2013)

Pó de serra (Wan Ngah, 2008)

1.3. Objectivos da investigação

Se considerarmos os pormenores desta secção acima mencionados, os metais pesados podem causar muitas doenças graves a todos os organismos vivos. Se considerarmos as instalações fabris do Sri Lanka e a produção de águas residuais devido a essas indústrias, não existe um mecanismo específico para remover esses metais pesados das águas residuais. O chumbo é um dos metais pesados mais nocivos, que pode causar muitas catástrofes para além de outros metais pesados. Por conseguinte, é importante encontrar um método para remover o chumbo das águas residuais.

Existem muitos métodos para remover os metais pesados das águas residuais, como já foi referido. Há alguns métodos que envolvem actividades de elevado consumo de energia e actividades de produção de lamas químicas. Por conseguinte, os métodos de adsorção são os métodos mais adequados, tendo em conta as desvantagens de outros métodos de remoção. Os materiais utilizados como adsorventes são classificados como resíduos agrícolas, resíduos naturais e resíduos industriais. Os biossorventes são materiais obtidos a partir de fontes de resíduos naturais ou agrícolas. A nova tendência dos métodos de remoção de metais pesados envolve métodos de adsorção com materiais bio-sorventes como materiais adsorventes. Nesta investigação, vamos investigar a adequação das folhas de jaca como material bio-sorvente para remover o chumbo das águas residuais. Os principais objectivos desta experiência são os seguintes

i. Encontrar um método eficaz para remover o chumbo das águas residuais utilizando folhas de jaca quimicamente modificadas.
ii. Encontrar um bio-sorvente de baixo custo e mais eficaz.
iii. Identificar os principais factores que afectam a capacidade de adsorção das folhas de jaca.

CAPÍTULO 2

2.0. REVISÃO DA LITERATURA E TEORIA

Existem muitos métodos para remover o chumbo das águas residuais, conforme referido na secção 1. Alguns destes métodos não podem ser utilizados devido ao elevado consumo de energia e à produção de lamas químicas. As novas tendências destes métodos de remoção de metais pesados são a utilização de métodos de baixo consumo de energia e de baixa utilização de produtos químicos, a fim de aumentar a sustentabilidade do processo.

A adsorção é um processo de baixo consumo de energia e de baixa utilização de produtos químicos que pode ser utilizado para tratar as águas residuais. Existe uma grande quantidade de materiais adsorventes que podem ser utilizados para melhorar a qualidade do processo. Os bio-sorventes são os materiais que podem ser utilizados como adsorventes para remover metais pesados das águas residuais.

2.1 Remoção de metais pesados da água utilizando bio-sorvente

O material adsorvente pode ser um bio-sorvente ou um material sintético. Os bio-sorventes são materiais vegetais, compostos por lenhina, celulose e hemicelulose. Todas estas composições possuem grupos funcionais como o álcool, o aldeído, o carboxílico, a cetona, o fenólico e o éter. Por conseguinte, todos estes grupos funcionais têm a capacidade de atrair iões positivos. (Demirbas, 2008)

A bio sorção tem mais vantagens do que os métodos convencionais de remoção de metais pesados. As vantagens do bio-sorvente são o baixo custo, a elevada eficiência em comparação com os métodos convencionais, a minimização das lamas químicas e biológicas, a fácil regeneração do bio-sorvente e a não necessidade de nutrientes adicionais (Demirbas, 2008).

2.1.1 Estudos anteriores de bio-sorventes

Diferentes partes de plantas, como folhas e cascas, podem ser utilizadas como bio-sorventes para remover metais pesados das águas residuais. Seguem-se exemplos de estudos anteriores efectuados para remover metais pesados de águas residuais.

ESPIGAS DE MILHO

O milho é a terceira cultura mais importante da Índia, a seguir ao trigo e ao arroz. Geralmente, todas as partes da planta do milho (nome comum para a erva cerealífera) são utilizadas para vários fins, mas Garima Goswami reparou que as espigas de milho são um dos resíduos agrícolas mais abundantes e principais do milho. Assim, tendo em conta a sua elevada resistência mecânica, rigidez e porosidade, as espigas de milho foram testadas como bio sorvente.

Através dele verificou que contaminantes como óxidos de sais, detergentes, partículas em suspensão, corantes, óleos e gorduras e alguns dos metais pesados são absorvidos na superfície das espigas de milho. Além disso, ao variar a área de superfície das espigas de milho (tais como secções longitudinais secas, pequenos pedaços secos, espigas de milho em pó e carvão ativado de espigas de milho), verificou que a taxa de absorção é diretamente proporcional à área de superfície dos adsorventes. (Goswami, 2016)

CASCOS DE NOZ-MOSCADA

As cascas de avelã são um dos resíduos agrícolas da Turquia. Mustafa Imamoglu e Oktay Tekir prepararam carvão ativado a partir de cascas de avelã com ativação de cloreto de zinco a 973 K em atmosfera de azoto para remover iões Cu (II) e Pb (II) de soluções aquosas. Nesta experiência, a capacidade de absorção máxima calculada do bio sorvente para iões Cu (II) e Pb (II) é de 6,645 e 13,05 mg g-1, respetivamente. (Imamoglu, 2007)

As condições óptimas para esta experiência utilizando o espetrómetro de absorção atómica.

- Área superficial BET do carvão ativado = 1092 m g^{2-1}
- Os valores óptimos de pH inicial para as soluções de Cu(II) e Pb(II) = 6,7
- A dosagem de carvão ativado é de 0,30 g/25 ml para ambos os iões metálicos
- Tempo de contacto efetivo para a adsorção de Cu (II) e Pb (II) variando entre 50-60 min
- A remoção de Cu (II) e Pb (II) é proporcional à concentração.

FOLHAS DE MYRTUSCOMMUNIS

Jameel M. Dhabab e Hiend A. Abbas realizaram uma experiência para descobrir uma nova, simples, económica e eficiente bio sorção utilizando Myrtuscommunis para tratar águas residuais que contêm metais pesados como Cu (II), Pb (II), Mn (II), Co (II). Neste caso, foi realizado um grande número de experiências para determinar os efeitos da variação do peso do adsorvente, do valor do pH, da concentração de iões metálicos, do tempo de contacto e da temperatura de adsorção. (Dhabab, 2012)

Como resultado, verificou-se que a absorção de Pb (II) foi maximizada (98,8%) a pH 4, concentração de iões metálicos 50 ppm, temperatura de 25°C e tempo de contacto de 90 min. bem como a capacidade de absorção de Cu (II), Mn (II) e Co (II) foi máxima (92,4%, 84,1% e 79,7%) separadamente em condições óptimas. A ordem de eficiência de remoção destes metais foi dada como Pb > Cu > Mn > Co.

FARELO DE TRIGO

O farelo de trigo é um subproduto da indústria de moagem de trigo que provou ser um bom adsorvente para a remoção de muitos tipos de iões de metais pesados, tais como Pb (II), Cu (II) e Cd (II). A partir de experiências laboratoriais, provou-se que um forte agente desidratante como o ácido sulfúrico (H_2SO_4) tem um efeito significativo na área de superfície do farelo de trigo e, como resultado, dá uma elevada eficiência de absorção de metais pesados. (Wan Ngah, 2008)

Foi relatado que a capacidade máxima de absorção de iões Cu (II) é de 51,5 mg g-1 a pH 5 e a absorção foi alcançada em 30 minutos. No caso dos iões de chumbo, a remoção máxima (82,8%) ocorreu a pH 6 após 2 horas de tempo de contacto. Após 4 horas de tempo de contacto, a capacidade máxima de adsorção alcançada pelo cádmio foi de 101 mg g-1 a pH 5.

A partir destes resultados, os investigadores apresentaram a seguinte ordem de remoção máxima de Pb (II), Cu (II) e Cd (II) do farelo de trigo tratado quimicamente Cd (II) > Pb (II) > Cu (II)

CASCA DE LARANJA

Shadreck Mandina e o seu grupo realizaram um conjunto de experiências para descobrir um método eficaz de remoção de Cr (VI) de soluções aquosas utilizando casca de laranja quimicamente modificada. Como resultado, descobriram que a modificação química do bio-sorvente (casca de laranja) com hidróxido de sódio aumenta a capacidade de absorção. (Feng, 2010)

Verificaram que a eficiência de bio-sorção da casca de laranja foi optimizada a pH 2 no tempo de equilíbrio de 180 min e na dosagem de adsorvente de 4,0 mg/L. A percentagem de remoção de Cr (VI) é proporcional à concentração inicial de iões Cr (VI) da água residual.

ARROZ COM CASCA

Os resíduos agrícolas têm sido utilizados como bio sorventes para remover metais pesados das águas residuais. A casca de arroz é um dos resíduos agrícolas que tem sido utilizado para investigação. K.K Wong referiu que a casca de arroz modificada com ácido tartárico (TARH) tem capacidade para remover metais pesados como o chumbo e o cobre. Os grupos carboxilo do ácido tartárico foram os principais responsáveis pela sorção do chumbo e do cobre. Este trabalho estudou mais aprofundadamente os factores de absorção, tais como o pH, a concentração inicial, a dimensão das partículas e a temperatura. A TARH apresentou uma capacidade de adsorção de chumbo e cupper de 108mg/g e 29mg/g, respetivamente. No entanto, a casca de arroz pode ser modificada por vários agentes, tais como água lavada, epicloridrina, bicarbonato de sódio e hidróxido de sódio. Kumar referiu que todos os agentes acima referidos foram utilizados para modificar a casca de arroz para remover o cádmio. Mas todas estas cascas de arroz modificadas quimicamente têm uma capacidade de adsorção inferior à da TRHR. Considerando dois trabalhos de investigação, podemos identificar claramente que os grupos carboxilo aumentam a capacidade de absorção. A casca de arroz está disponível no Srilanka. Mas trata-se de um resíduo sazonal, pelo que a casca de arroz não está continuamente disponível no mercado local. Esta é uma desvantagem da casca de arroz (Kumar, 2005).

PALHA DE ARROZ

A palha de arroz é um dos resíduos agrícolas no Sri Lanka. Brahmaiah relatou que o tratamento da palha de arroz com hidróxido de sódio aumentou a sua capacidade de adsorção de iões metálicos. Conseguiu remover com êxito o níquel e o crómio utilizando palha de arroz quimicamente modificada. Este artigo refere que o método de modificação não é complicado. A palha de arroz em pó foi tratada com uma solução de hidróxido de sódio e seca num forno a 100°C durante um período de 24 horas. Por conseguinte, este método é económico. Este artigo refere os factores que afectam a capacidade de absorção, tais como o pH, o tempo de contacto, a dosagem de absorção e os isótopos de adsorção. A palha de arroz é um resíduo agrícola. Mas é um resíduo sazonal. Por conseguinte, este resíduo não está continuamente disponível no mercado local. A capacidade de adsorção da palha de arroz é inferior à da TARH. (Brahmaiah, 2015)

BÚZIOS DE MELÃO

A casca de melão é um resíduo agrícola. Tochukwu utilizou carvão ativado (CA) de casca de melão como material absorvente de baixo custo para remover cádmio e chumbo de águas residuais. A casca de melão foi modificada quimicamente com ácido sulfúrico. A capacidade de adsorção da casca de melão foi testada sob diferentes parâmetros, como o tempo de contacto, a dosagem de absorção e a concentração de absorvente. A casca de melão absorveu melhor o chumbo do que o cádmio. A modificação da casca de melão é mais eficaz do que a modificação da palha de arroz. Porque a casca de melão reagiu com sulfúrico. Depois foi embebida em hidróxido de sódio para remover o ácido residual. Nesta modificação, têm de ser utilizados dois produtos químicos, o que implica um custo mais elevado. Por outro lado, a casca de melão não é um resíduo facilmente disponível no Srilanka. (Tochukwu, 2014)

FOLHAS DE LAMIACEAE MODIFICADAS

O biocarvão obtido a partir de uma planta medicinal chamada *Ocimum sanctum* (Lamiaceae) foi utilizado como biossorvente de baixo custo para remover chumbo de águas residuais por Singanan Malairajan (Departamento de Química, Presidency College (Autónomo), Chennai, Tamil Nadu, Índia). (Malairajan, 2015) Utilizou-se o método de adsorção por lotes para encontrar a adsorção óptima, alterando o pH, a concentração inicial de chumbo contido na água, a dosagem de adsorvente e o tempo de contacto. O nitrato de chumbo de grau analítico foi utilizado para preparar amostras sintéticas de iões de chumbo e o ácido clorídrico e o hidróxido de sódio foram utilizados para o ajuste do pH. O biossorvente foi preparado da seguinte forma,

i. As folhas de Lamiaceae foram recolhidas e secas ao ar durante 48 horas
ii. As folhas secas foram trituradas com um moinho de bolas
iii. As amostras preparadas foram tratadas com ácido sulfúrico
iv. A amostra tratada com ácido foi mantida numa estufa a 160 °C durante 6 horas
v. A amostra seca foi então lavada com água destilada para remover o excesso de ácido
vi. A amostra lavada foi seca a 105 °C
vii. A experiência foi efectuada em lotes, com agitação a 200 rpm
viii. A quantidade adsorvida pelo bioadsorvente foi medida após cada experiência utilizando a Espectroscopia de Emissão de Plasma Indutivamente Acoplado (ICPES)

De acordo com o procedimento acima mencionado, foram realizadas várias experiências para obter o parâmetro ótimo para remover o chumbo das águas residuais. A eficiência de remoção obtida na experiência foi de 87,5% e a Tabela 2.1 mostra as condições óptimas para a eficiência máxima.

Quadro 2-1 Condições óptimas para a remoção do chumbo

Parameter	Values
pH	5.5
Initial concentration	50 ppm

Contact time	150 min
Adsorbent dosage	2.5g / 100ml

CARVÃO VEGETAL DE CASCA DE COCO (CSC)

A investigação foi realizada para determinar a viabilidade técnica do carvão de casca de coco (CSC) para a remoção de Cr das águas residuais de galvanoplastia. Esta investigação foi efectuada por Sandhya Babel (Programa de Tecnologia Ambiental, Instituto Internacional de Tecnologia Sirindhom (SIIT), Universidade de Thammasat) em 2003 (Babel, 2003). Foram preparadas partículas granuladas de casca de coco e efectuadas modificações superficiais e químicas. A modificação da superfície do carvão de casca de coco foi efectuada com quitosano e a modificação química foi efectuada com ácido nítrico e ácido sulfúrico. A condição óptima para a remoção de Cr foi encontrada alterando o pH, o tempo de contacto e a velocidade de agitação. As cascas de coco utilizadas para a experiência foram preparadas utilizando quatro métodos diferentes.

i. CSC não modificada
ii. Oxidação com ácido sulfúrico
iii. Oxidação com ácido nítrico
iv. Revestimento com quitosano
v. Oxidada com ácido sulfúrico e revestida com quitosano

Foram realizadas várias experiências utilizando amostras preparadas de CSC e solução sintética de Cr para encontrar as melhores condições para a remoção de Cr das águas residuais. O resultado desta experiência é que tanto o bio-sorvente sulfúrico modificado como o revestido com quitosano têm uma elevada capacidade de ligação de metais.

PÓ DE SERRA

A serradura obtida da indústria da madeira é um subproduto abundante que está disponível a baixo preço. A investigação foi conduzida por (Sciban M, 2006) para remover Cu^{2+} e Zn^{2+} utilizando serradura modificada com hidróxido de sódio. A capacidade de adsorção da serradura tratada com hidróxido de sódio foi comparada com a da serradura não tratada. Para a serradura modificada, a eficiência de remoção de Cu^{2+} e Zn^{2+} é superior à da serradura não modificada.

A eficiência da remoção de Cu^{2+} de águas residuais utilizando serradura modificada com ácido sulfúrico foi estudada por (Acar, 2006). A eficiência de remoção da serradura tratada com ácido sulfúrico foi de 92,4% de Cu2+ a pH 5, enquanto a serradura não tratada só conseguiu remover 47%. A conclusão final desta experiência foi que a percentagem de remoção de Cu está a diminuir quando a concentração inicial aumenta. Uma maior dosagem de adsorvente tem uma maior capacidade de adsorção porque a área de superfície do adsorvente é elevada quando a dosagem de adsorvente é elevada.

2.2 Efeito dos parâmetros no processo de adsorção

Vários factores influenciam a capacidade de adsorção de um possível adsorvente durante o processo de adsorção. Seguem-se os factores que afectam a adsorção,

i. pH
ii. Tempo de contacto
iii. Concentração inicial
iv. Temperatura
v. Tamanho das partículas
vi. Dosagem de adsorvente

A capacidade de adsorção pode ser optimizada através da alteração destes parâmetros. Deve ser realizada uma experiência em lotes para encontrar as condições ideais dos parâmetros (Thallapalli, 2016)

Efeito do pH

O pH é um parâmetro importante para a capacidade de adsorção. A carga superficial do adsorvente e o grau de ionização devem ser considerados para aumentar a capacidade de ligação do metal. Um pH baixo pode causar uma baixa capacidade de adsorção devido à elevada concentração e mobilidade do ião IT. Em valores de pH elevados, a superfície fica carregada negativamente devido ao ião OH". (Tochukwu, 2014)

a) Efeito do tempo de contacto

O tempo de contacto é um indicador crucial para a percentagem de remoção de metais pesados das águas residuais. A capacidade de adsorção do adsorvente depende do sítio ativo do adsorvente. A percentagem de remoção de iões metálicos de uma solução aquosa aumenta com o aumento do tempo de contacto. (Malairajan, 2015)

b) Efeito da concentração inicial

A concentração inicial de metal é um fator crítico porque quando a concentração inicial aumenta, a quantidade de metal removido da solução aquosa aumenta. A percentagem de remoção a uma concentração inicial elevada é baixa, porque o sítio disponível no adsorvente torna-se menor. (Malairajan, 2015)

c) Efeito da temperatura

A temperatura da solução aquosa desempenha um papel vital durante o processo de adsorção porque a temperatura óptima de adsorção varia de acordo com o tipo de reação. As temperaturas baixas são preferidas para reacções exotérmicas e as temperaturas elevadas são preferidas para reacções endotérmicas. (Thallapalli, 2016)

d) Efeito do tamanho das partículas

O tamanho das partículas é um parâmetro crítico para alguns adsorventes, porque quando o tamanho das partículas aumenta, a quantidade de metal adsorvido também aumenta até um certo nível. Por conseguinte, existe uma gama de tamanhos de partículas que proporciona uma capacidade de adsorção máxima. (Malairajan, 2015)

e) Efeito da dosagem de adsorvente

A dosagem do adsorvente determina a capacidade de um adsorvente para uma dada concentração inicial de iões metálicos numa solução aquosa. O aumento da dosagem de adsorvente ajuda a aumentar a área de superfície do adsorvente ou os sítios activos permutáveis. (Malairajan, 2015)

2.3 Seleção do chumbo para a experiência

A taxa de descarga de efluentes no ambiente, especialmente nas massas de água, tem vindo a aumentar em resultado da urbanização. A fonte contaminada contém metais pesados como o chumbo, o cobre, o zinco, o crómio, o arsénico, o níquel, o mercúrio e o cádmio. Todos os metais pesados presentes na água podem causar sérias ameaças ao homem e ao ambiente. O chumbo, o cádmio e o mercúrio são exemplos de metais pesados que foram classificados como poluentes prioritários pela Agência de Proteção Ambiental dos EUA (U.S. EPA). As indústrias como a das tintas, dos pesticidas e da combustão do carvão são as principais actividades que libertam para o ambiente águas residuais contaminadas com chumbo.

Propriedades químicas do chumbo

i. Número atómico-82
ii. Massa atómica-207,2 g.mol-1
iii. Eletronegatividade de acordo com Pauling-1,8
iv. Densidade-11,34 g.cm-3 a 20°C
v. Ponto de fusão-327 °C
vi. Ponto de ebulição-1755 °C

vii. Raio de Vanderwaals - 0,154 nm (Delft, n.d.)

Impacto do chumbo na saúde e no ambiente

O chumbo pode causar muitos efeitos na saúde humana porque pode entrar no corpo humano através da água e dos alimentos. Seguem-se algumas doenças causadas pelo chumbo.

viii. Perturbação da biossíntese da hemoglobina e anemia

ix. Aumento da tensão arterial

x. Danos nos rins

xi. Abortos espontâneos e abortos subtis

xii. Perturbação do sistema nervoso

xiii. Danos cerebrais

xiv. Diminuição da fertilidade dos homens devido a danos nos espermatozóides

xv. Diminuição da capacidade de aprendizagem das crianças

xvi. Perturbações comportamentais das crianças, tais como agressividade, comportamento impulsivo e hiperatividade

Tendo em conta os factores acima mencionados, o chumbo foi selecionado como metal pesado para esta experiência.

2.4Justificação da seleção de folhas de jaca como biossorvente

Estudos e investigações anteriores provaram que a remoção de metais pesados de águas residuais utilizando bio-sorventes é mais eficiente e económica quando comparada com outros mecanismos. Os bio-sorventes são normalmente compostos por lenhina e celulose, que incluem grupos funcionais polares, como álcoois, aldeídos, cetonas, carboxílicos, fenólicos e éteres. Estes grupos funcionais têm a capacidade de se ligar a metais pesados, doando um par de electrões dos grupos funcionais para formar um complexo de iões metálicos na água. (Demirbas, 2008)

Tabela 2-2 Componentes químicos das folhas de jaca

Total Cellulose	Lignin Content	Ash Content	Other component
32.08%	49.09%	10.82%	8.01%

A jaca (Artocarpus heterophyllus) encontra-se sobretudo no Sudeste Asiático e a sua origem é a Índia. Podem ser encontradas na China, Malásia, Quénia, Uganda, Filipinas, Austrália, Maurícias, Brasil, Jamaica, Bahamas, Sul da Florida e Havai. (Thakor, 2012)

As folhas de jaca são resíduos naturais que podem ser obtidos das árvores de jaca. As folhas de jaca são seleccionadas como bio-sorvente para remover o chumbo das águas residuais tendo em conta os seguintes factores. A Tabela 1.4 mostra a percentagem dos constituintes químicos das folhas de jaca. A percentagem de lenhina das folhas de jaca é comparativamente mais elevada do que a das folhas de outras plantas.

i. As folhas podem ser obtidas sem danificar as árvores
ii. Disponibilidade local
iii. Constituinte químico das folhas de jaca (Lowko, 2013)
iv. Baixa taxa de biodegradação em comparação com outras folhas de plantas

CAPÍTULO 3

3.0 MATERIAIS E MÉTODO

Seguem-se os materiais e os instrumentos utilizados na experiência.

Materiais

Folhas de jaca

Nitrato de chumbo

Água destilada

Papéis de filtro

Ácido acético

Ácido clorídrico 0,1M

Hidróxido de sódio 0,1M

Ácido sulfúrico 0,1M

Instrumentos

Espectrómetro de absorção atómica (AAS)

Liquidificador elétrico

Forno

Copos

Agitador magnético

Tubos de medição

Termómetros

Medidor de pH

Parar o relógio

Balança eletrónica

Rastreador

Garrafa de armazenamento

3.1Metodologia

A experiência foi realizada com folhas de jaca modificadas e não modificadas. O primeiro passo da experiência é a preparação de folhas de jaca como biossorvente.

Em seguida, foi efectuado o processo de modificação para a etapa seguinte da experiência. Seguem-se os procedimentos para a preparação do bio-sorvente e a modificação do bio-sorvente.

Preparação de folhas de jaca como bio-sorvente

- As folhas de jaca recolhidas são lavadas com água destilada
- As folhas lavadas são secas ao ar durante 48 horas
- As folhas secas são trituradas com um moinho de bolas
- São peneirados para obter um pó homogéneo de bio-sorvente
- Os bio-sorventes preparados são armazenados num frasco seco

Modificação química do bio-sorvente preparado

- Os bio-sorventes preparados são misturados com ácido acético a 25%
- A amostra misturada é agitada a 200rpm durante 4 horas a 50 °C
- A amostra é deixada durante 12 horas
- A amostra é filtrada para separar o bio-sorvente
- O bio-sorvente separado é lavado com água destilada
- A amostra lavada é mantida numa estufa durante 2 horas a 85 °C

O passo seguinte da experiência foi a preparação de amostras de águas residuais sintéticas e a realização do processo de adsorção.

Procedimento experimental

- 30- 100 ppm de amostras sintéticas de águas residuais são preparadas utilizando nitrato de chumbo
- Parâmetros como pH, tempo de contacto, concentração inicial e dosagem de adsorvente são alterados para encontrar as condições óptimas
- São realizadas experiências com o bio-sorvente modificado e não modificado, alterando os parâmetros acima mencionados para encontrar as condições óptimas dos parâmetros
- As amostras recolhidas após o processo de adsorção são recolhidas
- A concentração de chumbo das amostras recolhidas é medida utilizando o espetrómetro de absorção atómica (AAS)

3.1.1 Procedimento experimental para amostras não modificadas

As tabelas seguintes apresentam os parâmetros experimentais de cada amostra. As tabelas 3.1, 3.2, 3.3 e 3.4 mostram os parâmetros de cada amostra que foram utilizados para encontrar as condições óptimas de adsorção utilizando um bio-sorvente não modificado.

<u>Procedimento experimental para diferentes valores de pH</u>

Quadro 3-1 Parâmetros das amostras

Sample	pH	Adsorbent dosage	Initial concentration	Contact time
1	2.2	2.5 g / 100 ml	62.5 ppm	60 min
2	3.05	2.5 g / 100 ml	62.5 ppm	60 min
3	4	2.5 g / 100 ml	62.5 ppm	60 min
4	5	2.5 g / 100 ml	62.5 ppm	60 min
5	6	2.5 g / 100 ml	62.5 ppm	60 min

Procedimento experimental para diferentes tempos de contacto

Quadro 3-2 Parâmetros das amostras

Sample	pH	Adsorbent dosage	Initial concentration	Contact time
1	6	2.5 g / 100 ml	62.5 ppm	30 min
2	6	2.5 g / 100 ml	62.5 ppm	60 min
3	6	2.5 g / 100 ml	62.5 ppm	90 min
4	6	2.5 g / 100 ml	62.5 ppm	120 min
5	6	2.5 g / 100 ml	62.5 ppm	150 min

Procedimento experimental para diferentes dosagens de adsorvente

Quadro 3-3 Parâmetros das amostras

Sample	pH	Adsorbent dosage	Initial concentration	Contact time
1	6	1.5 g / 100 ml	62.5 ppm	60 min
2	6	2 g / 100 ml	62.5 ppm	60 min

3	6	2.5 g / 100 ml	62.5 ppm	60 min
4	6	3 g / 100 ml	62.5 ppm	60 min
5	6	3.5 g / 100 ml	62.5 ppm	60 min

Procedimento experimental para diferentes concentrações iniciais

Quadro 3-4 Parâmetros das amostras

Sample	pH	Adsorbent dosage	Initial concentration	Contact time
1	6	2.5 g / 100 ml	62.5 ppm	60 min
2	6	2.5 g / 100 ml	70 ppm	60 min
3	6	2.5 g / 100 ml	80 ppm	60 min
4	6	2.5 g / 100 ml	90 ppm	60 min
5	6	2.5 g / 100 ml	100 ppm	60 min

3.1.2 Procedimento experimental para amostras modificadas

As tabelas 3.5, 3.6, 3.7 e 3.8 mostram os parâmetros de cada amostra que foram utilizados para encontrar as condições óptimas de adsorção utilizando um bio-sorvente modificado.

Procedimento experimental para diferentes valores de pH

Quadro 3-5 Parâmetros das amostras

Sample	pH	Adsorbent dosage	Initial concentration	Contact time
1	2.45	2.5 g / 100 ml	62.5 ppm	60 min
2	3.34	2.5 g / 100 ml	62.5 ppm	60 min

3	4.2	2.5 g / 100 ml	62.5 ppm	60 min
4	5.2	2.5 g / 100 ml	62.5 ppm	60 min
5	6.55	2.5 g / 100 ml	62.5 ppm	60 min

Procedimento experimental para diferentes tempos de contacto

Quadro 3-6 Parâmetros das amostras

Sample	pH	Adsorbent dosage	Initial concentration	Contact time
1	6.55	2.5 g / 100 ml	62.5 ppm	30 min
2	6.55	2.5 g / 100 ml	62.5 ppm	60 min
3	6.55	2.5 g / 100 ml	62.5 ppm	90 min
4	6.55	2.5 g / 100 ml	62.5 ppm	120 min
5	6.55	2.5 g / 100 ml	62.5 ppm	150 min

Procedimento experimental para diferentes dosagens de adsorvente

Quadro 3-7 Parâmetros das amostras

Sample	pH	Adsorbent dosage	Initial concentration	Contact time
1	6.55	1.5 g / 100 ml	62.5 ppm	60 min
2	6.55	2 g / 100 ml	62.5 ppm	60 min
3	6.55	2.5 g / 100 ml	62.5 ppm	60 min
4	6.55	3 g / 100 ml	62.5 ppm	60 min
5	6.55	3.5 g / 100 ml	62.5 ppm	60 min

Procedimento experimental para diferentes concentrações iniciais

Quadro 3-8 Parâmetros das amostras

Sample	pH	Adsorbent dosage	Initial concentration	Contact time
1	6.55	2.5 g / 100 ml	62.5 ppm	60 min
2	6.55	2.5 g / 100 ml	70 ppm	60 min
3	6.55	2.5 g / 100 ml	80 ppm	60 min
4	6.55	2.5 g / 100 ml	90 ppm	60 min
5	6.55	2.5 g / 100 ml	100 ppm	60 min

3.2Técnica utilizada para medir a concentração das amostras preparadas

Nesta experiência, a medição da concentração de chumbo da amostra de águas residuais após a experiência é fundamental.

A concentração final de chumbo na amostra de águas residuais após o processo de adsorção deve ser medida com exatidão, de modo a calcular a quantidade de adsorvente.

O Espectrómetro de Adsorção Atómica (AAS) é um instrumento que pode ser utilizado para medir a concentração de qualquer metal contido numa amostra de água.

3.2.1 Teoria subjacente à AAS

A concentração de elementos é medida através da medição da quantidade de ração absorvida pelos elementos químicos na amostra.

A concentração desse elemento na solução é diretamente proporcional à concentração da amostra.

A concentração exacta pode ser obtida utilizando amostras conhecidas desse elemento e traçando um gráfico. (Elmer, 1996)

A figura 3.1 mostra a configuração básica deste instrumento.

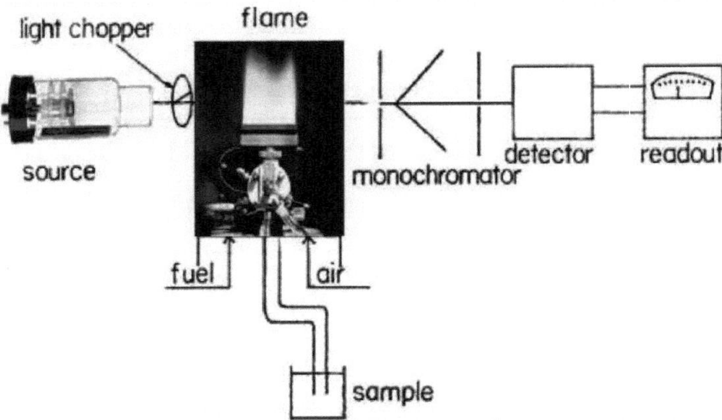

Figura 3.1Diagrama esquemático de um AAS

Na figura 3.1 acima, a fonte emite um feixe de luz com um comprimento de onda conhecido. A chama é mantida por um combustível e ar fornecidos por fontes externas. Uma vez instalada a amostra para medição, esta é aspirada pelo AAS e a chama ajuda a atomizar os elementos da amostra. O detetor pode detetar a alteração do comprimento de onda do feixe de luz inicial. A concentração de qualquer metal na água pode ser medida utilizando este conceito. Se a curva-padrão for preparada para o elemento que vai ser medido, o AAS gera automaticamente a concentração de cada amostra.

3.2.2Preparação da curva padrão

A preparação da curva padrão é muito importante porque a exatidão das leituras depende da curva padrão. A curva padrão de AAS é preparada utilizando uma concentração conhecida de uma amostra de iões metálicos. Uma vez que a quantidade de absorvente é diretamente proporcional à concentração do elemento na amostra, a concentração de uma amostra desconhecida pode ser medida utilizando a curva padrão preparada. A tabela 3.9 e a figura 3.2 mostram os dados relativos à concentração vs. absorvente e à curva padrão, respetivamente.

Tabela 3-9 Concentração vs. absorvente

Standard No	Concentration (ppm)	Absorbance
1	1	0.0331
2	2	0.0681

3	5	0.1595
4	10	0.2963

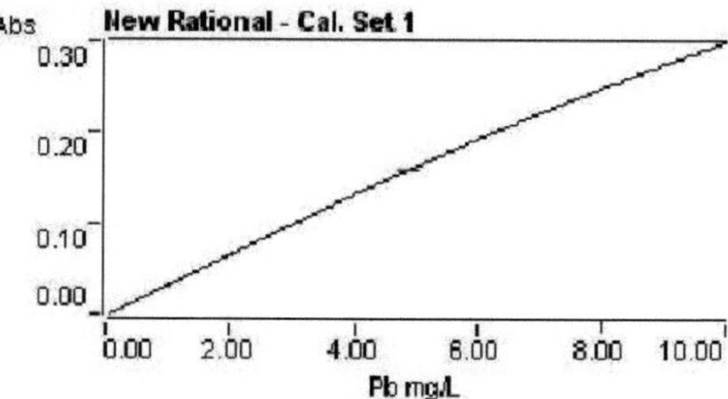

Figura 3.2 Curva-padrão para o chumbo

CAPÍTULO 4

4.0. RESULTADOS E DISCUSSÃO

Esta secção inclui os resultados das experiências realizadas com o bio-sorvente modificado e não modificado. A secção de discussão inclui as razões para os resultados obtidos.

Os resultados obtidos nas experiências são a concentração final de iões de chumbo na amostra de água residual sintética.

4.1. Efeito da dosagem de adsorvente

A necessidade de sorção de Pb na dose foi estudada variando a quantidade de folhas de jaca de 1,5 g para 3,5 g, mantendo outros parâmetros (pH, concentração inicial, velocidade de agitação e tempo de contacto) constantes.

A tabela 4.1, a tabela 4.2 e a figura 4.1 apresentam os resultados obtidos a partir das experiências e da eficiência de remoção de Pb tanto para as folhas de jaqueira não modificadas como para as modificadas. Pode observar-se que a eficiência de remoção das folhas de jaqueira modificadas melhorou geralmente com o aumento da dosagem até um determinado valor (até 3,0 g), exceto a 2,5 g e, em seguida, não há mais aumento da adsorção (3 g a 3,5), enquanto a eficiência de remoção das folhas de jaqueira não modificadas mostra-se prejudicada com o aumento da dosagem até 2,5 g e, em seguida, volta a mostrar melhorias.

Quadro 4 -1 Resultados para o bio-sorvente não modificado

Sample No	Dosage (g)	AS reading	Real reading (=As reading x 3)	Initial concentration (ppm)	Reduction (percentage)
Sample 01	1.5	0.49	1.47	62.5	97.648
Sample 02	2	0.31	0.93	62.5	98.512
Sample 03	2.5	0.35	1.05	62.5	98.32
Sample 04	3	0.29	0.87	62.5	98.608
Sample 05	3.5	0.29	0.87	62.5	98.608

Quadro 4 -2 Resultados para o bio-sorvente modificado

Sample No	Dosage (g)	AS reading	Real reading (=As reading x 3)	Initial concentration (ppm)	Reduction (percentage)
Sample 01	1.5	0.48	1.44	62.5	97.696
Sample 02	2	0.72	2.16	62.5	96.544

Sample 03	2.5	0.75	2.25	62.5	96.4
Sample 04	3	0.5	1.5	62.5	97.6
Sample 05	3.5	0.53	1.59	62.5	97.456

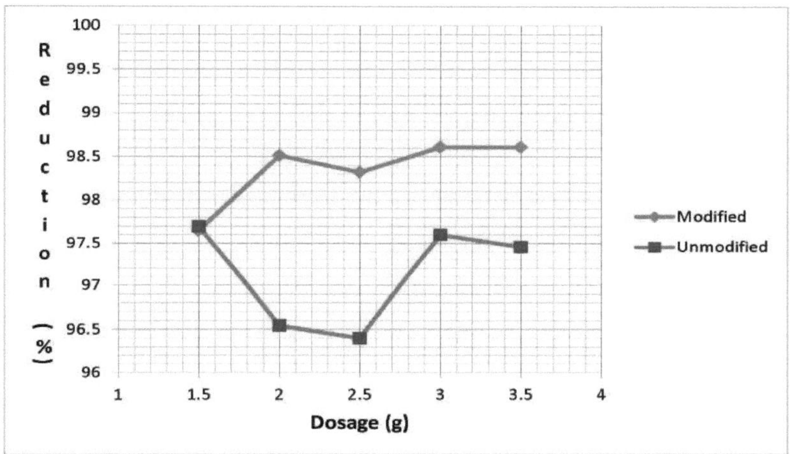

Figura 4.1 Comparação do bio-sorvente modificado e não modificado

Aqui a eficiência de remoção de Pb das folhas de jaca modificadas aumentou de 97,65% para 98,61% quando a dosagem de folhas de jaca foi aumentada de 1,5 para 3,5g. Isto pode ser explicado pelo facto de que quanto maior for a dosagem de adsorvente na solução, maior será a disponibilidade de sítios permutáveis para os iões Pb.

Mas a eficiência de remoção de Pb das folhas de jaqueira não modificadas diminuiu de 97,696% para 96,4% e depois aumentou de 96,4% para 97,6%. Isto não pode ser explicado através de factores gerais. Para chegar a uma conclusão sobre este resultado, a relação entre a dosagem e a condição da solução deve ser verificada.

Também se observou uma pequena diferença em termos de eficiência de remoção de Pb entre as folhas de jaqueira não modificadas e as folhas de jaqueira modificadas. Neste caso, as folhas de jaqueira quimicamente modificadas têm a maior eficiência de remoção de Pb em comparação com as folhas de jaqueira não modificadas. Dependendo da capacidade da molécula oxidante para se difundir nos poros de carbono, os grupos de superfície ácidos introduzidos podem estar favoravelmente localizados onde existe uma grande microporosidade. Assim, confere uma carga superficial negativa às folhas de jaqueira, ao mesmo tempo que aumenta a capacidade de atração da carga positiva dos iões Pb e, através desse processo, promove uma maior capacidade de adsorção de Pb.

4.2. Efeito da concentração inicial

Para avaliar o efeito da concentração inicial de iões Pb no comportamento de bio-sorção de Pb, foram realizados estudos com uma concentração inicial de 62,5, 70, 80, 90 e 100 ppm com uma dose de bio-sorvente de 2,5 g/lOOml.

As tabelas 4.3 e 4.4 e a figura 4.2 mostram os resultados obtidos na experiência. É evidente que, quando a concentração inicial de iões Pb é aumentada, a percentagem de Pb adsorvido não apresenta grandes variações nas amostras de folhas de jaqueira modificadas e não modificadas.

Quadro 4-3 Resultados para o bio-sorvente não modificado

Sample No	AS reading (ppm)	Real reading (=As reading x 3)	Initial concentration (ppm)	Reduction (percentage)
Sample 01	0.29	0.87	62.5	98.608
Sample 02	0.44	1.32	70	98.11428571
Sample 03	0.5	1.5	80	98.125
Sample 04	0.61	1.83	90	97.96666667
Sample 05	0.48	1.44	100	98.56

Tabela 4-4 Resultados para o bio-sorvente modificado

Sample No	AS reading	Real reading (=As reading x 3)	Initial concentration (ppm)	Reduction (percentage)
Sample 01	0.35	1.05	62.5	98.32
Sample 02	0.53	1.59	70	97.72857143

Sample 03	0.48	1.44	80	98.2
Sample 04	0.46	1.38	90	98.46666667
Sample 05	0.53	1.59	100	98.41

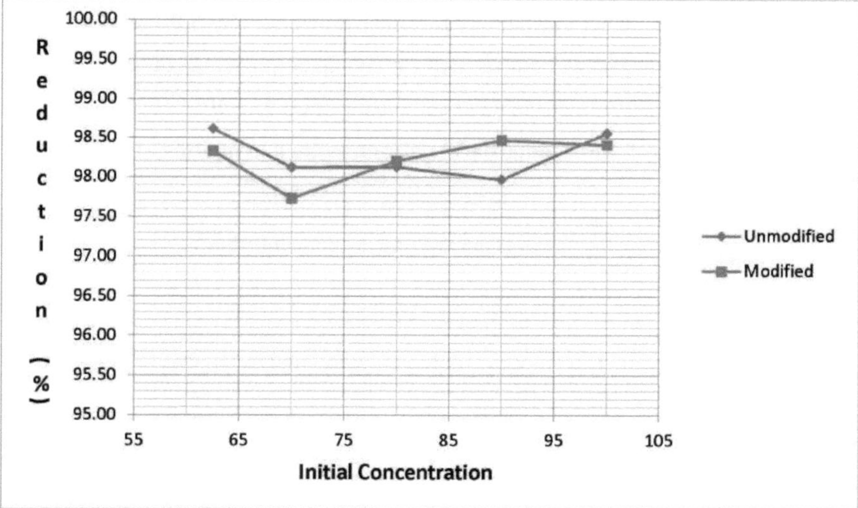

Figura 4.2 Comparação do bio-sorvente modificado e não modificado

A eficiência de remoção de Pb do não modificado flutuou entre 97,97% e 98,61% quando a concentração inicial aumentou de 60ppm para 100 ppm e a eficiência de remoção de Pb do modificado flutuou entre 97,7% e 98,47% quando a concentração inicial aumentou de 62,5 ppm para 100 ppm.

Neste caso, pode assumir-se que quando a concentração inicial de iões Pb aumentou de 62,5 para 100 ppm, a eficiência de remoção de Pb tanto dos não modificados como dos modificados permaneceu constante para a concentração inicial de iões Pb. Assim, isso significa que a eficiência de remoção de Pb não foi significativamente influenciada pela concentração inicial de iões Pb.

4.3 Efeito do pH

O pH das águas residuais desempenha um papel vital na remoção de iões metálicos da solução aquosa para o biocarvão. Neste caso, foram efectuadas experiências numa gama de pH de 2 -

7 para bio sorventes modificados e não modificados. A tabela 4.5 e a tabela 4.6 mostram os dados experimentais para os biossorventes modificados e não modificados. A partir da figura 4.3, observa-se que quando o pH aumenta, a taxa de bio-sorção também aumenta. A percentagem de redução do chumbo é mínima a valores de pH muito baixos. Tal deve-se à maior concentração e à maior mobilidade do H^+ , que rejeitam a adsorção de iões metálicos positivos. (Adaikalam, 2015) A partir da figura 4.3, verifica-se que a remoção de chumbo é máxima a pH 5,2 para bio sorventes modificados e a pH 4,08 para bio sorventes não modificados. A um pH mais elevado, isto resulta em mais iões OH' na superfície do adsorvente com cargas negativas líquidas, o que é favorável à adsorção de aniões metálicos. Após pH 4, a percentagem de redução do chumbo varia entre 95 e 99.

Tabela 4-5 Resultados para o bio-sorvente não modificado

Sample No	pH	AS reading	Real reading (=As reading x 3)	Initial concentration (ppm)	Reduction (percentage)
Sample 01	2.2	1.7	5.1	62.5	91.84
Sample 02	3.05	0.48	1.44	62.5	97.696
Sample 03	4	0.29	0.87	62.5	98.608
Sample 04	5	0.84	2.52	62.5	95.968
Sample 05	6	0.48	1.44	62.5	97.696

Tabela 4-6 Resultados para o bio-sorvente modificado

Sample No	pH	AS reading	Real reading (=As reading x 3)	Initial concentration (ppm)	Reduction (percentage)
Sample 01	2.45	0.8	0.3	62.5	99.52

Sample 02	3.34	0.48	0.54	62.5	99.136
Sample 03	4.2	0.31	0.93	62.5	98.512
Sample 04	5.2	0.23	0.69	62.5	98.896
Sample 05	6.55	0.25	0.75	62.5	98.8

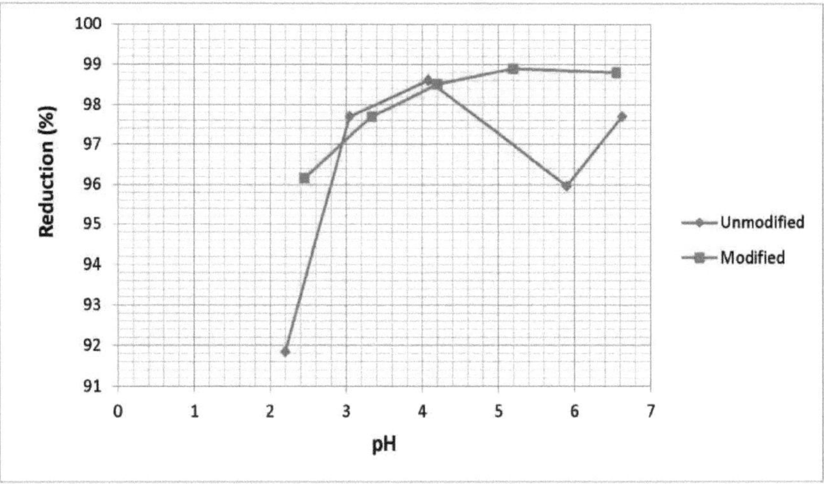

Figura 4.3Comparação do bio-sorvente modificado e não modificado

4.4 Efeito do tempo de contacto

O tempo de contacto é um parâmetro crítico para determinar a capacidade de adsorção de iões metálicos. As tabelas 4.7 e 4.8 mostram os dados experimentais para os biossorventes modificados e não modificados. A partir da figura 4.4, observa-se que o biossorvente modificado tem um declive mais elevado na linha de tendência do que o biossorvente não modificado. A taxa de bio-sorção aumenta com o tempo de contacto e mantém-se constante após o equilíbrio. A taxa de bio-sorção situa-se entre 98 e 99 por cento. Por conseguinte, podemos considerar que, após 30 minutos, a amostra de chumbo entrou em equilíbrio com o biocarvão. No entanto, o tempo de contacto dos biossorventes não modificados é de 120 minutos e a percentagem de remoção do chumbo atinge o seu máximo de 98,7%. Mas os bio sorventes modificados atingem o seu máximo de 98,9% aos 150 minutos.

Quadro 4-7 Resultados para o bio-sorvente não modificado

Sample No	Contact Time (min)	AS reading	Real reading (=As reading x 3)	Initial concentration (ppm)	Reduction (percentage)
Sample 01	30	0.37	1.11	62.5	98.224
Sample 02	60	0.34	1.02	62.5	98.368
Sample 03	90	0.41	1.23	62.5	98.032
Sample 04	120	0.26	0.78	62.5	98.752
Sample 05	150	0.39	1.17	62.5	98.128

Quadro 4-8 Resultados para o bio-sorvente modificado

Sample No	Contact Time (min)	AS reading	Real reading (=As reading x 3)	Initial concentration (ppm)	Reduction (percentage)
Sample 01	30	0.37	1.11	62.5	98.224
Sample 02	60	0.25	0.75	62.5	98.8
Sample 03	90	0.32	0.96	62.5	98.464
Sample 04	120	0.24	0.72	62.5	98.848
Sample 05	150	0.22	0.66	62.5	98.944

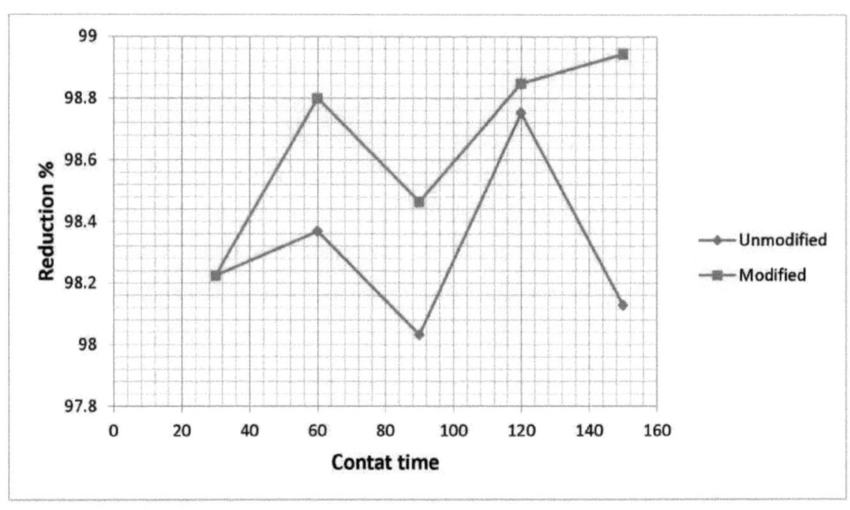

Figura 4.4 Comparação do bio-sorvente modificado e não modificado

CAPÍTULO 5

5.0CONCLUSÃO

A investigação baseou-se na remoção do chumbo das águas residuais utilizando folhas de jaqueira quimicamente modificadas. O chumbo é um metal pesado que pode causar um impacto grave nos organismos vivos e no ambiente. Por conseguinte, a remoção do chumbo das águas residuais é uma parte essencial do tratamento das águas residuais. O método selecionado para remover o chumbo das águas residuais é o método de adsorção utilizando um bio-sorvente. As folhas de jaca são seleccionadas como bio-sorvente utilizado nesta investigação.

O potencial de remoção de metais pesados foi medido tanto para o bio-sorvente modificado como para o bio-sorvente não modificado. O bio-sorvente não modificado foi preparado utilizando folhas secas de jaca. Depois, a modificação foi efectuada utilizando ácido acético. A série de experiências foi realizada alterando parâmetros como o pH da amostra de água, a dosagem de adsorvente, o tempo de contacto e a concentração inicial de iões de chumbo da amostra de águas residuais. As amostras sintéticas de águas residuais foram preparadas com nitrato de chumbo.

A eficiência da remoção foi medida calculando a redução da concentração da amostra de água após a experiência. Uma vez que o objetivo final era encontrar a condição óptima para o bio-sorvente remover o chumbo das águas residuais. A dosagem óptima de adsorvente para o bio-sorvente modificado é de 3 g por 100 ml.

A eficiência de remoção é elevada para amostras com concentrações entre 80 ppm e 90 ppm. Quando se considera o efeito do pH na eficiência de remoção do chumbo, o intervalo ótimo de pH é de 4 a 6. As experiências indicam claramente que, após 30 minutos de contacto, os bio sorventes têm maior capacidade de remoção de chumbo.

Quando consideramos todos os parâmetros que consideramos e a condição do biossorvente (modificado ou não modificado) são diretamente afectados pela eficiência da remoção do chumbo. O biossorvente modificado tem maior eficiência na remoção do chumbo. A conclusão final desta investigação é que as folhas de jaca modificadas têm maior capacidade de remover o chumbo das águas residuais do que o bio-sorvente não modificado. No entanto, a diferença de eficiência de remoção entre o bio-sorvente modificado e o não modificado não é significativa.

CAPÍTULO 6

6.0 REFERÊNCIAS

1. Acar, F.N..E.Z., 2006. Remoção de iões Cu(II) por serradura de choupo activada a partir de uma solução aquosa. J. *Hazard. Mater.,* 137, pp.909-14.

2. Adaikalam, S., 2015. Remoção de iões Pb(II) de águas residuais sintéticas por biocarvão de Ocimum sanctum (Lamiaceae). *Elixir International Journal,* pp.29657-59.

3. Anónimo, n.d.

4. Anónimo, n.d. [Em linha].

5. Anon., n.d. *LENNTECH.* [Em linha] Disponível em: http://www.lenntech.com/ periodic/ elements/pb. htm [Acedido em 02 de agosto de 2016].

6. Babel, S., 2003. Remoção de Cr(VI) de águas residuais sintéticas utilizando carvão de casca de coco e carvão ativado comercial modificado com agentes oxidantes e/ou quitosano. *CHEMOSPHERE,* 54, p.951.

7. Barakat, M.A., 2011. Novas tendências na remoção de metais pesados de águas residuais industriais. *Jornal Árabe de Química,* 4(4), pp.361-77.

8. Brahmaiah, T., 2015. Remoção de metais pesados de águas residuais usando baixo. *Revista Internacional de Tendência em Pesquisa e Desenvolvimento,* 3(1).

9. Daniel, N.O., 2014. Estudo comparativo da Bioadsorção de Cádmio e chumbo de águas residuais industriais utilizando casca de melão (citrullus colocynthis) activada com ácido sulfúrico. *Jornal Americano de Proteção Ambiental,* 1(1), pp.1-8.

10. Delft, H.H., n.d. *LENNTECH.* [Em linha] Disponível em: http://www.lenntech. com/periodic/ elements/pb.htm [Acedido em 02 de setembro de 2016].

11. Demirbas, A., 2008. Adsorção de metais pesados em materiais de resíduos de base agrícola: A review. *Journal of Hazardous Materials,* pp.220-29.

12. Dhababl, J.M.a.A.h.A., 2012. Um método simples para o tratamento de águas residuais contendo íonscu (II), Pb (II), Mn (II) e Co (II) usando adsorção em folhas secas. *Jornal Internacional de Pesquisa e Aplicações de Engenharia (IJERA),* 2(4), pp.2076-84.

13. Dhabab, J.M., 2012. Um método simples para o tratamento de águas residuais contendo íonscu (II), Pb (II), Mn (II) e Co (II) usando adsorção em folhas secas. *Jornal Internacional de Pesquisa e Aplicações de Engenharia,* pp.2076-84.

14. Elmer, P., 1996. *Método analítico para o espetrómetro de absorção atómica.* Perking Emler Corporation.

15. Feng, N., 2010. Biosorção de Metais Pesados de Soluções Aquosas por Casca de Laranja Quimicamente Modificada. *Journal of hazardous materials,* 185(1), pp.49-54.

16. Goswami, G., 2016. BIO-ADSORVENTE RENTÁVEL A PARTIR DE RESÍDUOS AGRÍCOLAS. *Revista internacional de ciência, tecnologia e gestão,* 5(2).

17. Hegazi, H.A., 2013. Remoção de metais pesados de águas residuais utilizando resíduos agrícolas e industriais como adsorventes. *HBRC Journal,* 9(3), pp.276-82.

18. Imamoglu, M.a.T.O., 2007. Remoção de iões cobre (II) e chumbo (II) de soluções aquosas por adsorção em carvão ativado de um novo precursor de cascas de avelã. *Desalination,* pp. 108-13.

19. Imamoglu, M., 2007. Remoção de iões cobre (II) e chumbo (II) de soluções aquosas por adsorção em carvão ativado de um novo precursor de cascas de avelã. *Desalination,* pp. 108-13.

20. K.K. Wong, C.K.L., 2003. Remoção de Cu e Pb por casca de arroz modificada com ácido tartárico de soluções aquosas. *Chemosphere,* pp.23-28.

21. Kumar, U., 2005. Sorção de cádmio de uma solução aquosa utilizando casca de risco pré-tratada. *Bioresource Technology,* pp.104-09.

22. Lowko, M.O., 2013. Características das folhas de jaca. *Revista Internacional de Ciência e Tecnologia,* 2(9).

23. Malairajan, S., 2015. Remoção de iões Pb(II) de resíduos sintéticos por biocarvão de Ocimum sanctum. *Química Aplicada.*

24. Malairajan, S., 2015. Remoção de iões Pb(II) de águas residuais sintéticas por biocarvão de Ocimum sanctum (Lamiaceae). *Elixir International Journal.*

25. Reena Singh, Neetu Gautam, Anurag Mishra e Rajiv Gupta, 2011. Heavy metals and living systems: An overview. *Indian Journal of Pharmacology,* 3(43), pp.246-53.

26. Sciban M, K.M., 2006. Serragem de madeira macia modificada como adsorvente de iões de metais pesados da água. *Wood Sci. Technol,* 40, pp.217-27.

27. Shafeeq, A., 2012. Técnicas de Remoção de Mercúrio para Águas Residuais Industriais. *Jornal Internacional de Engenharia Química, Molecular, Nuclear, de Materiais e Metalúrgica,* 6(12).

28. Thakor, N.J., 2012. [Online] Disponível em: http://onlinelibrarv.wiley.com/doi/10.1111/j. 1541 - 4337. 2012.00210.x/fiill [Acedido em 04 de setembro de 2016],

29. Thallapalli, B., 2016. Remoção de metais pesados de águas residuais usando baixo. *Jornal Internacional de Tendência em Pesquisa e Desenvolvimento,* 3.

30. Tochukwu, M., 2014. Estudo comparativo da bioadsorção de cádmio e chumbo de águas residuais industriais utilizando casca de melão (citrullus colocynthis) activada com ácido sulfúrico. *Jornal Americano de Proteção Ambiental,* 1.

31. Wan Ngah, W.S., 2008. Remoção de iões de metais pesados de águas residuais por resíduos de plantas quimicamente modificados como adsorventes. *Bioresource Technology* , 99(10), pp. 3935-3948.

Printed by Books on Demand GmbH, Norderstedt / Germany